本书受上海市教育委员会、上海科普教育发展基金会资助出版

科学家的恐龙拼图

图书在版编目(CIP)数据
科学家的恐龙拼图 / 顾洁燕主编. - 上海: 上海
教育出版社, 2016.12
(自然趣玩屋)
ISBN 978-7-5444-7329-3

Ⅰ. ①科… Ⅱ. ①顾… Ⅲ. ①恐龙 - 青少年读物
Ⅳ. ①Q915.864-49

中国版本图书馆CIP数据核字(2016)第287971号

责任编辑 芮东莉
黄修远
美术编辑 肖祥德

科学家的恐龙拼图
顾洁燕 主编

出 版 上海世纪出版股份有限公司
上 海 教 育 出 版 社
易文网 www.ewen.co
地 址 上海永福路123号
邮 编 200031
发 行 上海世纪出版股份有限公司发行中心
印 刷 苏州美柯乐制版印务有限责任公司
开 本 787×1092 1/16 印张 1
版 次 2016年12月第1版
印 次 2016年12月第1次印刷
书 号 ISBN 978-7-5444-7329-3/G·6038
定 价 15.00元

(如发现质量问题，读者可向工厂调换)

目录

CONTENTS

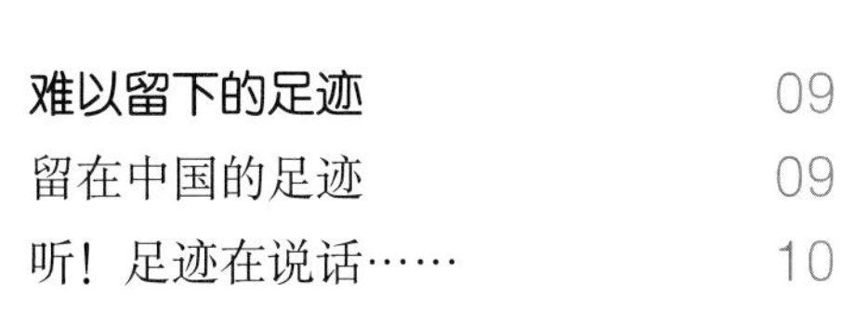

化石与真相

谁都没有见过活着的恐龙，因为在人类出现之前，恐龙早就已经灭绝了！可是，这并不妨碍我们在博物馆中陈列各种恐龙的骨架与仿真复原模型。有些仿真模型甚至能做到肌肉、毛羽纤毫毕现，牙齿、脚爪栩栩如生，这是怎么一回事呢？原来，关于恐龙的真相都封印在岩石里的各类化石中，科学家们通过化石中的蛛丝马迹为我们揭开了恐龙的神秘面纱。

化石是什么?

▲ 各种化石图

● 化石是指古代生物的遗体、遗物或遗迹埋藏在地下变成的跟石头一样的东西。只有很少的化石保存有完整的古生物遗体，比如琥珀中的昆虫。大部分的化石由古代生物身上坚硬的部分逐渐石化而成。

● 所以日前出土的恐龙化石中，骨骼和牙齿化石最为常见。此外，我们还发现了许多粪便化石、蛋化石、脚印化石、皮肤纹样化石等。这些化石的发现者大多是古生物学家，他们会将各种恐龙化石拼凑在一起，以尽可能多地了解恐龙。

● 从形成方式上看，我们还可以把化石分为实体化石、模铸化石、遗迹化石、化学化石。有点晕？别着急，看完这本书你就懂了！

实体化石

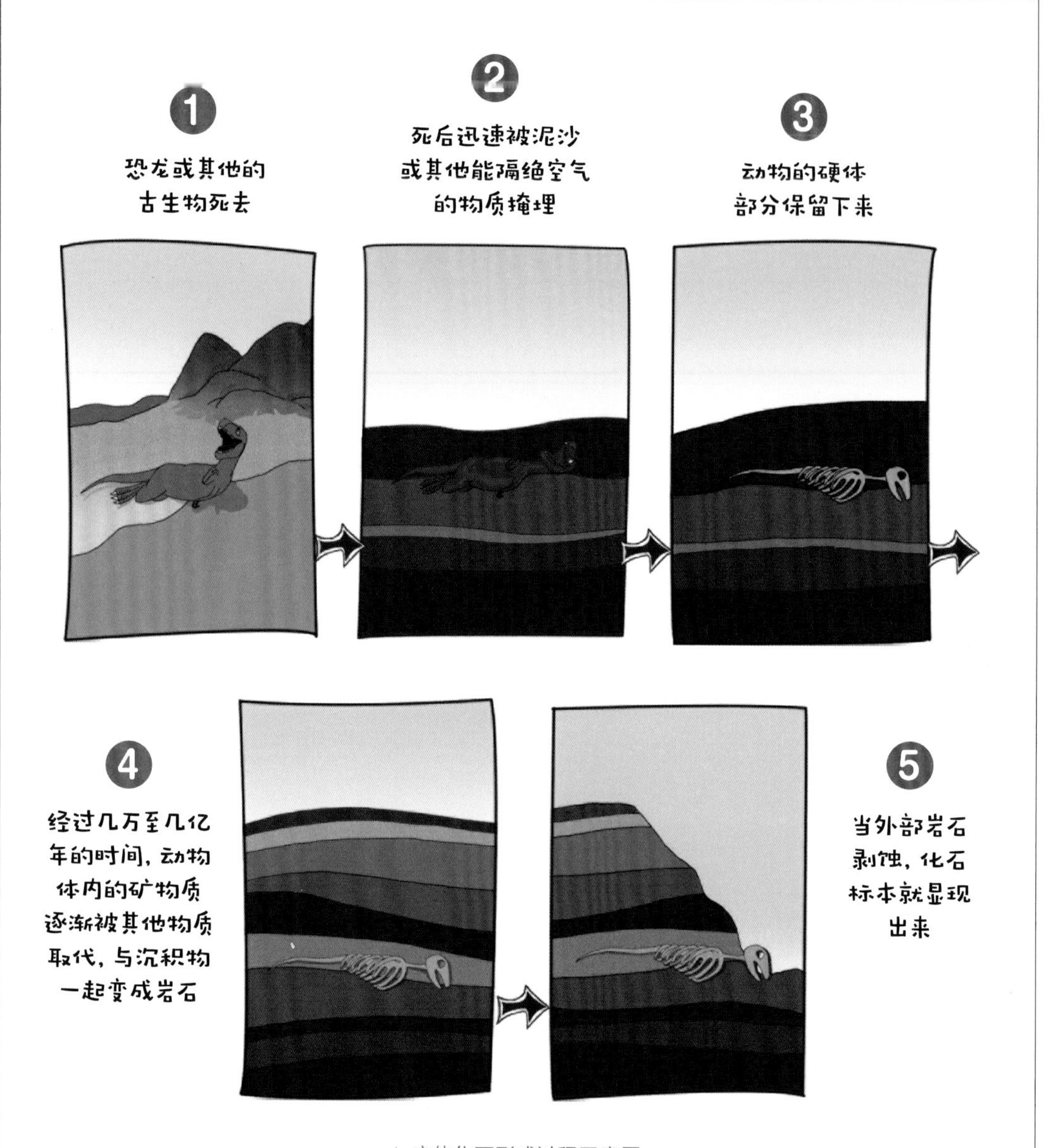

▲ 实体化石形成过程示意图

● 实体化石是由古生物的全部或部分遗体保存下来而逐渐形成的，这些古生物的身体往往碰巧被泥沙或其他能隔绝空气的物质迅速掩埋——注意一定要够迅速，这样才能最大程度地避免氧化和腐蚀作用，才有可能在今后漫长的时间里形成化石！

找一找

请你找一找，下面这些图片中，哪些是实体化石，哪些不是。请在括号里打“√”或者“×”。

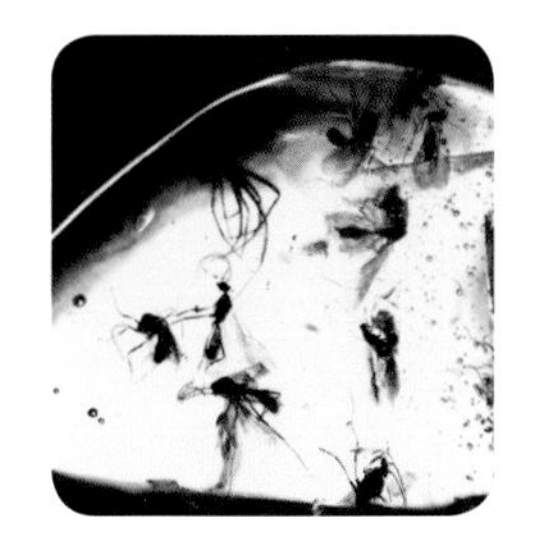

琥珀化石
（ ）

硅化木
（ ）

恐龙足迹化石
（ ）

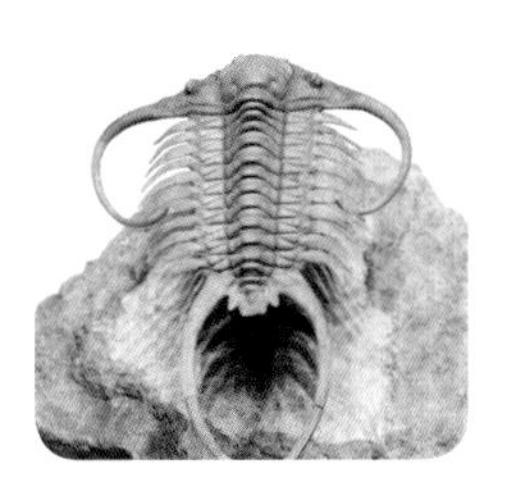

三叶虫化石
（ ）

恐龙的实体化石一般以恐龙的骨骼与牙齿化石为主，然而很多化石并不完整，出土时经常是一堆散乱的碎片，这就需要古生物学家将这些碎片重新拼凑起来。在这个过程中，科学家们难免要通过自己的想象与推理对某些遗失的部位加以虚构，所以，古生物学家们偶尔也会犯错哦！比如，曾经有古生物学家就把禽龙拇指上的骨头安到了鼻子上！

▲ 禽龙

化石“照相机”

● 化石“照相机”其实说的是模铸化石，一般可以简单地分为**印痕化石**与**印模化石**。

普通“照相机”

● 当生物的遗体陷落到地层后，虽然由于种种原因生物体遭到了破坏，但是它的痕迹却保留了下来，这就是我们说的印痕化石。印痕化石能够很好地将生物表面的痕迹记录下来，就像一个照相机一样！比如，一片叶子飘落到地面，叶子会逐渐腐败并最终消失，但如果这片叶子一落下就被迅速掩埋，虽然叶子最终还是腐烂不见了，但是它的痕迹却很好地保存在地层里变成了这样：

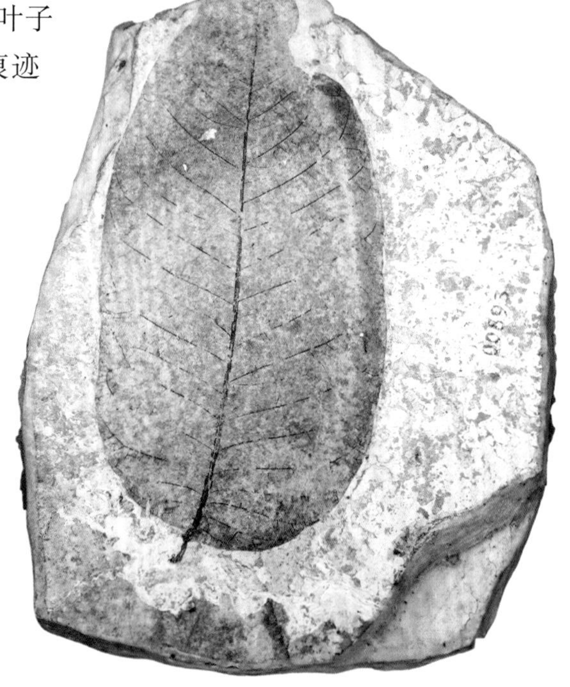

3D“照相机”

● 印模化石就像是更厉害一点的照相机，因为它记录下来的生物遗体是立体的！其实印模化石的形成比较复杂，生物比较坚硬的部分（一般是贝壳）被保留下来后，经过多年的掩埋，有时它会被地下水溶解，但是“坚强”的它依旧会在地下留下一个空洞，这个空洞的形状就很好地保留了这个生物的外形，这就是我们说的印模化石中的“外模”了。而内模的情况与之相反，内模保留下来的是生物内部的模样，比如贝壳的内部。

印模化石

做一做

到底什么是“内模”？如果还没有弄明白，就动手做个模拟实验吧！用橡皮泥做地层，找一枚贝壳，按照下图中的步骤，你就可以制作一个贝壳“内模”化石了。

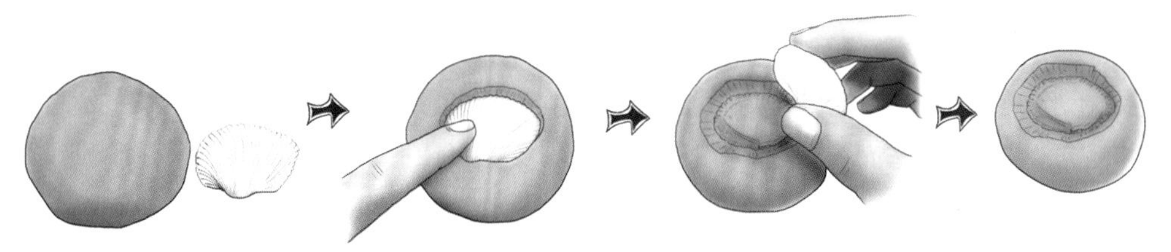
▲ 模铸化石形成模拟示意图

久远的“生活气息”

● 现在我们要说到的就是遗迹化石了。这种化石一般是远古生物在活动的时候，留在地层底质沉积物表面或内部的活动痕迹或遗物。除了刚刚提到过的动物足迹，还包括它们的爬痕、挖掘的洞穴，甚至是它们的排泄物！比如这些：

▲ 动物粪便化石

还有这样的：

▲ 恐龙足迹化石（凸）

▲ 恐龙足迹化石（凹）

● 你发现了吗，恐龙的足迹化石有的是凹下去的，而有的却是凸出来的。根据这个特点，古生物学家将它们分为正型与负型两种，下凹的为正型，凸出的则为负型。这与脚印形成后是否被覆盖有关，其实只有极少的正型和负型的足迹被“成双成对”地保留下来，就像这样：

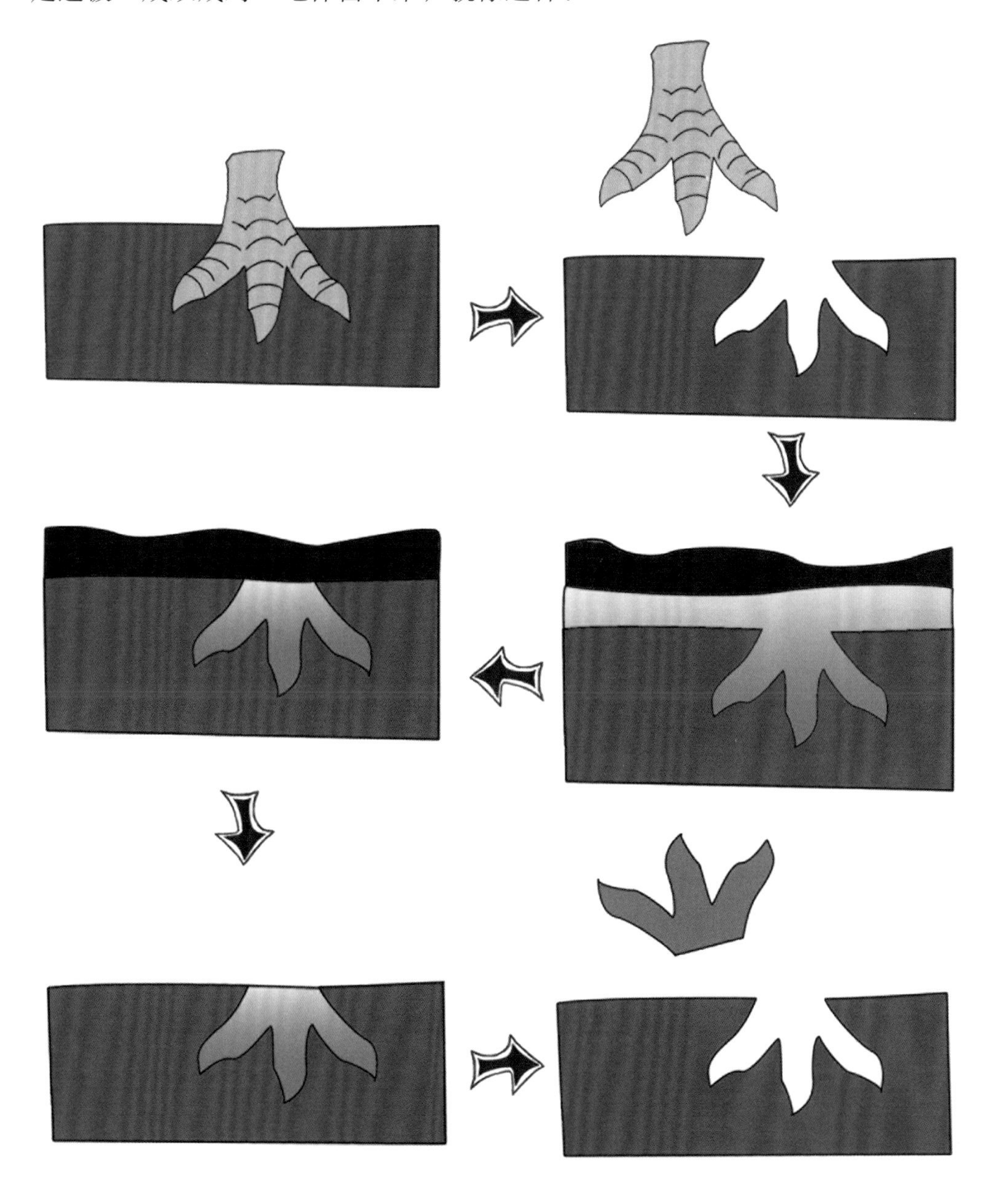

▲ 恐龙足迹化石的形成示意图

难以留下的足迹

● 有人曾计算过，一匹驮货物的马一天之内至少要走6000步，如果每走一步四个脚都留下脚印的话，这匹马一天至少要留下24000个脚印。而在地球上生存了上亿年的恐龙，留给我们的足迹化石却并不多，甚至可以说是非常稀少，难道脚印变成化石就这么难吗？

● 那当然了！脚印要想保存下来，首先要踩在合适的土层上，这种土层不能太软，也不能太硬。然后还需要印有脚印的土层在恰当的时候被外来的沉积物所覆盖，覆盖得太早或太晚都不能形成足迹化石。

留在中国的足迹

● 中国可是世界上出产恐龙化石最多的国家之一，在我国先后发现的恐龙遗体化石就有157个属的176种恐龙，其中恐龙蛋化石有19属67种，而恐龙的足迹化石则多达43属69种。

● 在我国的四川、云南、甘肃、新疆和内蒙古等13个省（区、市）都发现了恐龙的足迹化石。

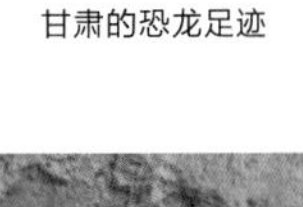

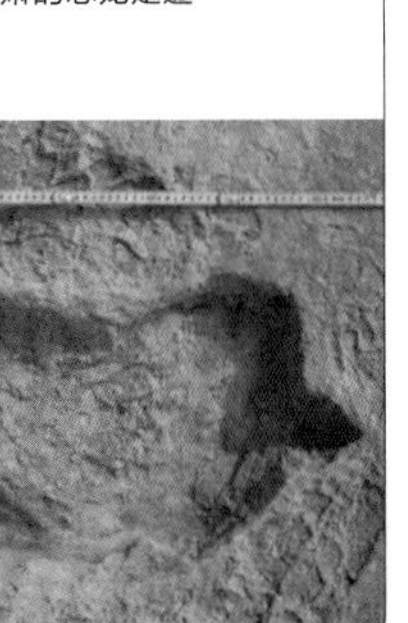

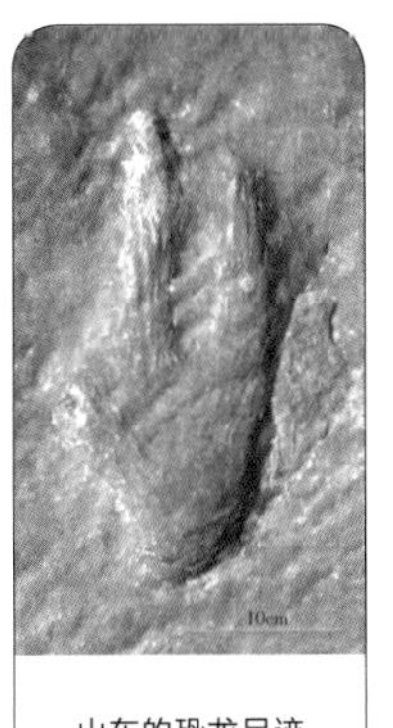

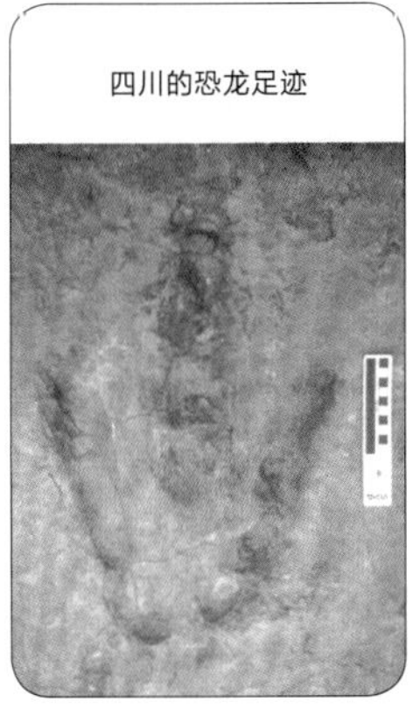

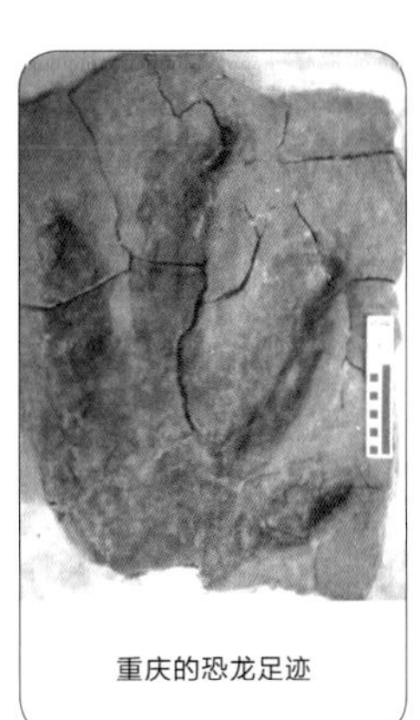

▲ 分布于我国各地的恐龙足迹化石（摘自邢立达《恐龙足迹》）

听！足迹在说话……

● 恐龙的足迹包含着很多有关恐龙的信息，接下来，就让我们来当一回古生物学家，一起听一听，恐龙的足迹化石都告诉了我们哪些信息。动手连一连吧!

通过发现足迹化石的地点，我可以知道	这些恐龙是否正在互相搏斗
通过足迹的形态，我可以知道	恐龙生活的区域
通过足印的深浅，我可以知道	这是什么种类的恐龙
足迹形成的过程是动态的，所以通过足迹前后的变化，我可以知道	这种恐龙所处的地质环境
通过研究许多混杂在一起的不同恐龙的足迹，我可以知道	恐龙生前的运动状态

● 当然，除了恐龙的足迹化石，每一种化石都有它自己的“语言”。通过将不同化石的研究结果加以综合，科学家们才能最终还原出恐龙的真实模样。

自然探索坊

挑战指数： ★★★★☆
探索主题： 化石的种类、如何复原恐龙
你要具备： 化石类型的基础知识
新技能获得： 推理能力

欢迎来到自然探索坊，我们已经等候多时了。接下来就让我们通过另一种方式，学到更多关于化石与恐龙的知识。

化石达人

● 刚刚我们已经了解了化石的分类，在这里，先来考考你，看看你是否已经具备了成为一名古生物学家的基本条件。请连线，将下面的化石按照实体化石、模铸化石和遗迹化石进行分类。

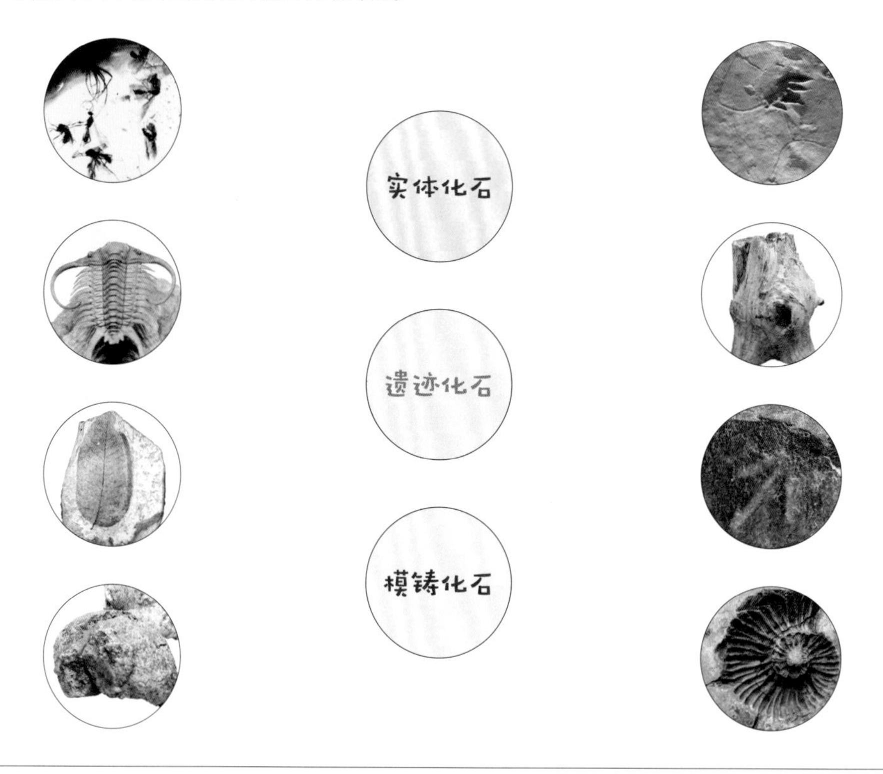

最强大脑

• 科学家们常常能够通过化石的细枝末节，拼凑出恐龙的方方面面。除了恐龙足迹化石，恐龙的实体化石与皮肤纹理的模铸化石也蕴含着很多信息。现在，一起来模拟科学家们寻找真相的过程吧！

• 你可以跟父母或者同学一起进行这个游戏。首先，你需要一块橡皮泥，然后随便选择一样物体，在橡皮泥上留下你想要的痕迹，接下来就可以让其他人进行“考察”了，让他们猜猜留下痕迹的究竟是什么东西。其实，科学家们寻找真相的过程也是这样进行的。

快快现出原形！

• 光说不练假把式，现在就要真正考验一下你的能力了！你可以找小伙伴一起比试比试，看看谁最快寻找出真相。现在，所有人分成三组，每一组获得一个恐龙的化石印模（可以提前请爸爸妈妈帮忙把恐龙模型的各个部分印在几块橡皮泥上）。请注意，每个小组只有5分钟的时间对它进行观察，观察结束后轮换印模。看完所有的印模后，请每个小组来说一说留下这些印模的恐龙是什么样子的，它们分别有着怎样的头部、足部和尾巴，它们的脖子是长还是短，它们的皮肤是否有纹路。最后，每组还要画出这些恐龙的原型。

奇思妙想屋

● 中国作为世界上最重要的恐龙产地之一，恐龙化石遍及我国的东西南北。为了让人们更好地了解恐龙，越来越多的恐龙博物馆也应运而生。

● 如果你是恐龙的发烧友，想不想也建造一个属于自己的恐龙博物馆？只要找一个大的硬壳纸箱，你就能将它改造成一个恐龙博物馆！你可以用恐龙模型作标本，用橡皮泥制作各种恐龙化石，你还可以自己布展，撰写化石解说牌！

● 做完之后，你还可以把你的恐龙博物馆拍照并上传到上海自然博物馆官网以及微信“兴趣小组—自然趣玩屋”，与大家一起分享你的创意。